你知道宇宙中，
有多少星星嗎？

銀河是由許多星星組成的星系，呈現「螺旋形」或「橢圓形」，
其中大約有兩千億顆星星。
而宇宙中像銀河一樣的星系則有一千億個以上。

宇宙中的星星數量——
大約是20,000,000,000,000,000,000,000。
※有眾多說法，這個數字是一個平均數值。

我們居住的地球就在銀河系內，
有一半的星星，是與地球類似的行星。

「爸爸，難道⋯⋯」
「這個宇宙某處莫非有⋯⋯」

外星人真的存在嗎？

作者：長沼毅

繪圖：吉田尚令

翻譯：卓文怡

這是我們居住的地球。

現在地球上，大約存在兩百萬種生物。

也有一些生物生活在寒冷的南極、乾燥的沙漠，
或陽光照射不到的深海這種嚴酷的環境。

南極是覆蓋著厚實冰雪的大陸。
氣溫有時只有攝氏–40到–50度，非常寒冷。

沙漠覆蓋著一層厚厚的沙，幾乎不下雨，
空氣非常乾燥。有些地方在夏天時，
氣溫會攀升至攝氏50度。

海洋深處，是一個照射不到陽光的黑暗世界。
水溫低，水壓（水的重量形成的壓力）高，對生物來說，
是個相當難以生存的環境。

存在著好多
不可思議的
生物……

感覺好熱，
會被晒乾……

有許多奇特的生物
生活在深海之中。

深海中的海底火山使海水上升至數百度，是個像地獄一樣的地方。
即使是這樣的環境，也存在著生物。
管蟲就是其中之一。

並不是只有地球有海底火山，
其他的星球也有。
或許其他星球的海底火山也有生物。
「咦！宇宙中也有其他生物存在？」

好，那麼出發去宇宙探險吧！

銀河中有著許多「星系」。
我們的地球，位在名為「太陽系」的星系內。
太陽系的中心是太陽，
周圍被水星、金星、地球……
八個「行星」環繞著。

太陽

水星

金星

行星的周圍，
也有許多星星，
這裡有一顆衛星。

火星

土星

海王星

天王星

像太陽一樣，會自己散發光芒的星體稱作「恆星」。
行星就是繞著恆星公轉的星體。

先去木衛二看看吧！

月球是地球的衛星。

地球

月球

環繞在行星周圍的星體稱作「衛星」。
木星的衛星「木衛二」和
土星的衛星「土衛二」上
有海底火山。

木星

木衛二距離太陽很遠，
是一顆非常寒冷的星球，表層覆蓋著寒冰。

木衛二的體積雖然和地球的衛星月球差不多，
但是寒冰底下，有一大片海洋。
也就是說，這裡有大量維持生命必要的水。

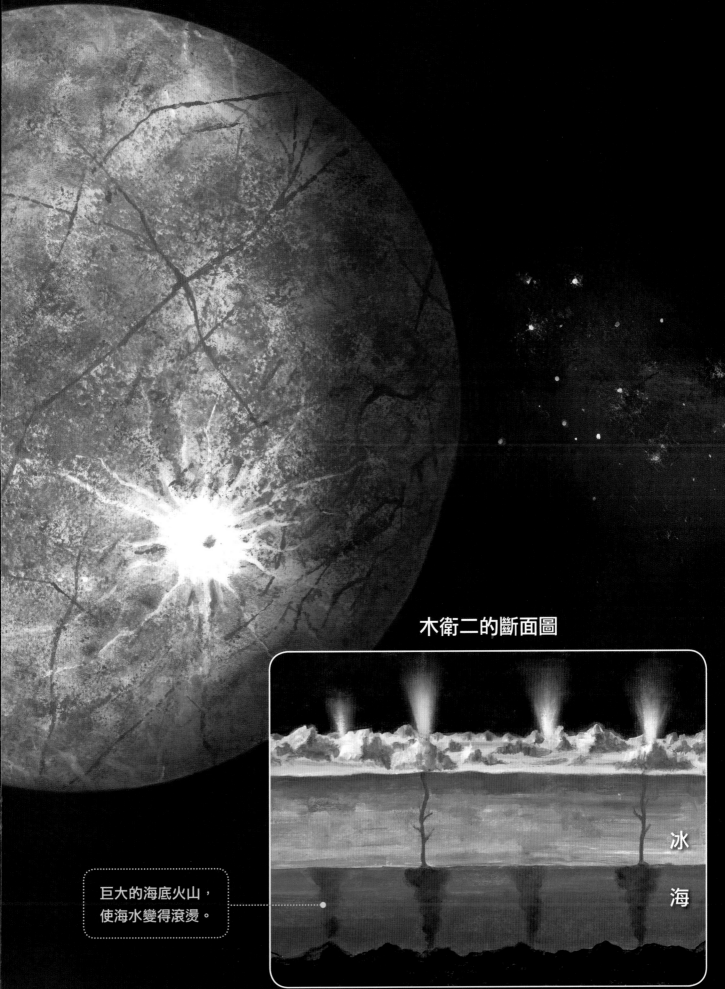

木衛二的斷面圖

巨大的海底火山，
使海水變得滾燙。

冰

海

木衛二覆蓋著一層寒冰。
寒冰的底下有海，海底有和地球一樣的海底火山。
而且，據說冰裡含有氧氣。
所以，這裡有生物也不奇怪吧？

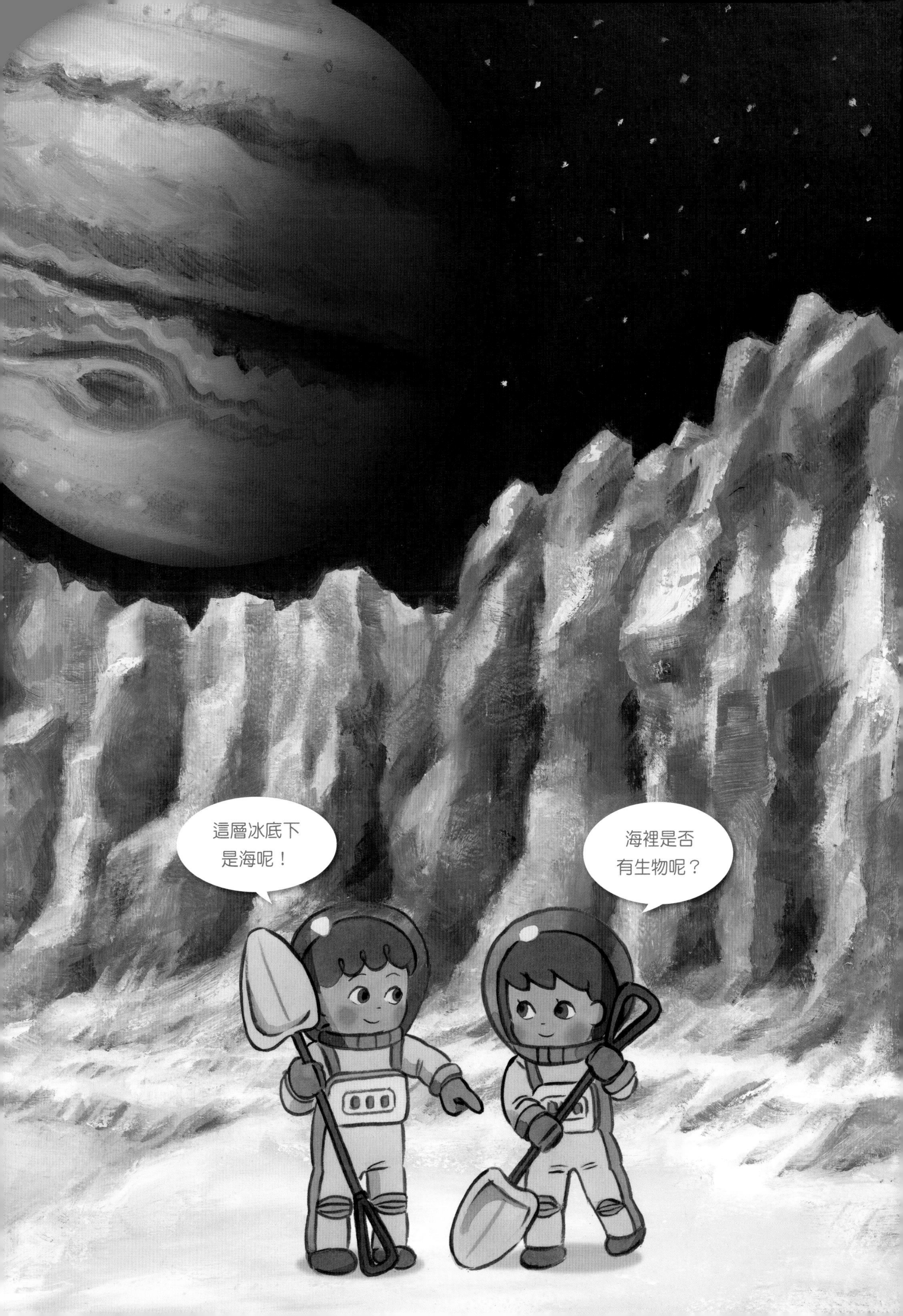
這層冰底下
是海呢！
海裡是否
有生物呢？

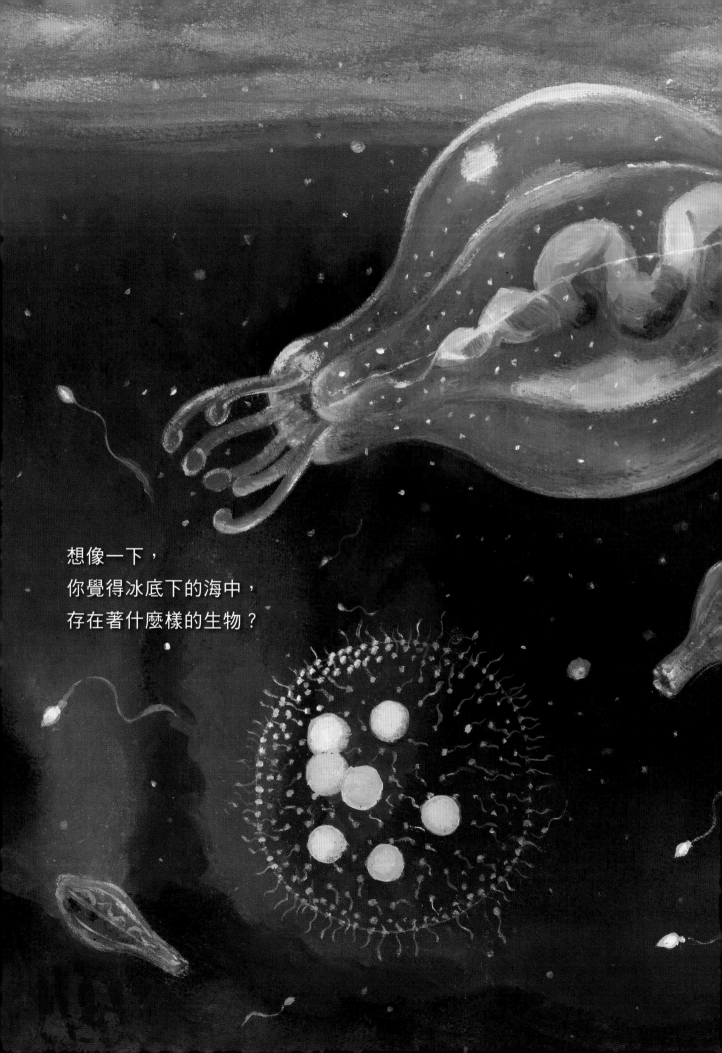

想像一下，
你覺得冰底下的海中，
存在著什麼樣的生物？

冰裡含有氧氣，
火山的高溫讓冰的底層融化，
因此氧氣會滲入冰底下的海裡。

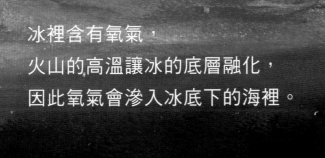

如果海裡的氧氣很少，
可能會有身體像管子一樣，
能大量吸取氧氣的
生物存在。

海底火山不斷噴發著氣體。

或許也有像管蟲一樣，
將火山氣體當成
營養的生物。

接著去土衛二看看吧！
土衛二非常小，環繞著土星公轉，
直徑大概是五百公里。

土衛二

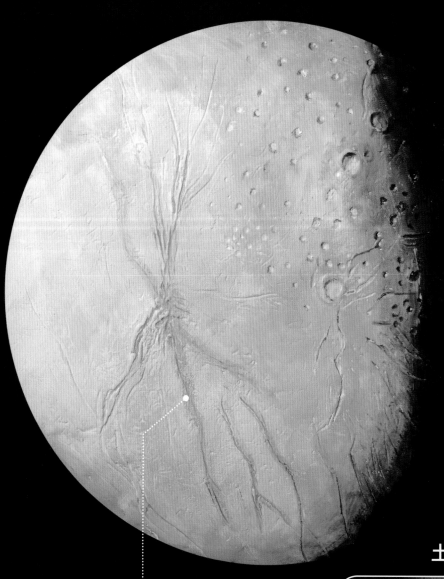

這就是土衛二。

土衛二的外層也覆蓋著寒冰。寒冰的下方有海，那裡或許也有生物。

你覺得那裡存在什麼樣的生物呢？

土衛二的表層，有被稱為「虎紋」的冰層裂縫。

土衛二的斷面圖

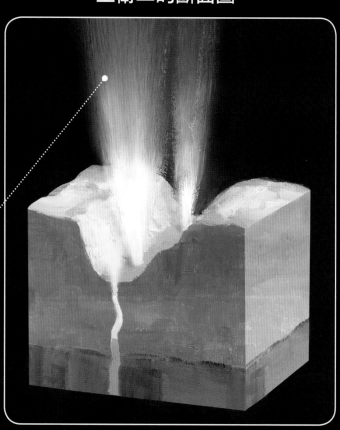

從這個「虎紋」裂縫之中不斷噴發冰珠和水蒸氣，有如火山一般。

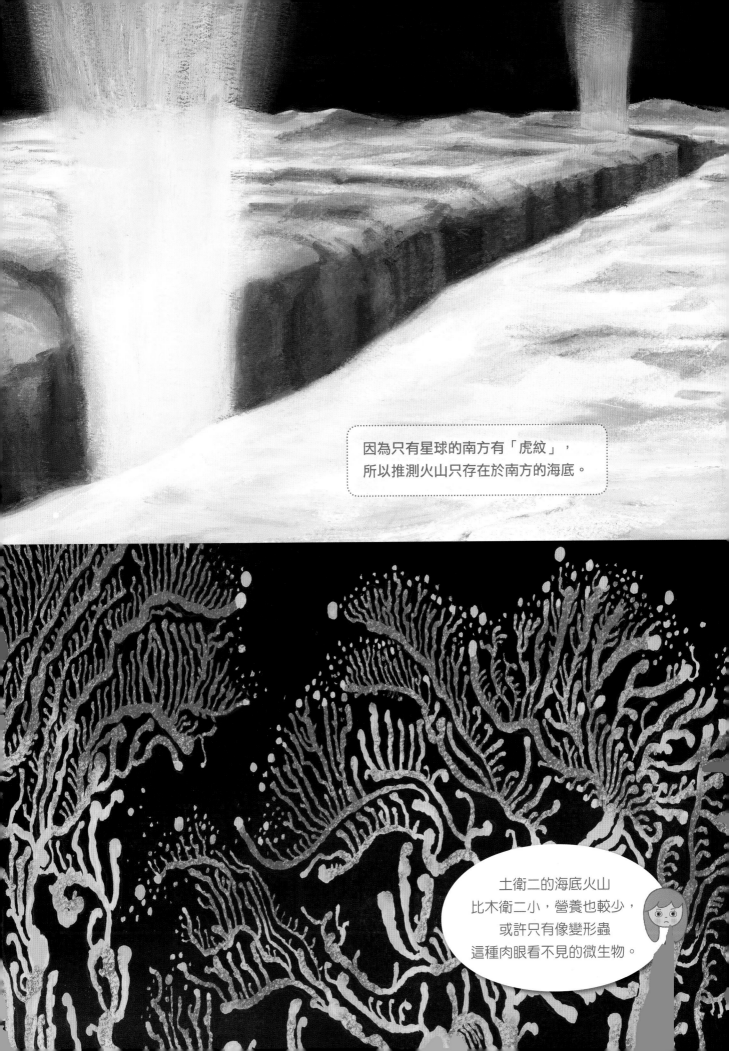

因為只有星球的南方有「虎紋」，
所以推測火山只存在於南方的海底。

土衛二的海底火山
比木衛二小，營養也較少，
或許只有像變形蟲
這種肉眼看不見的微生物。

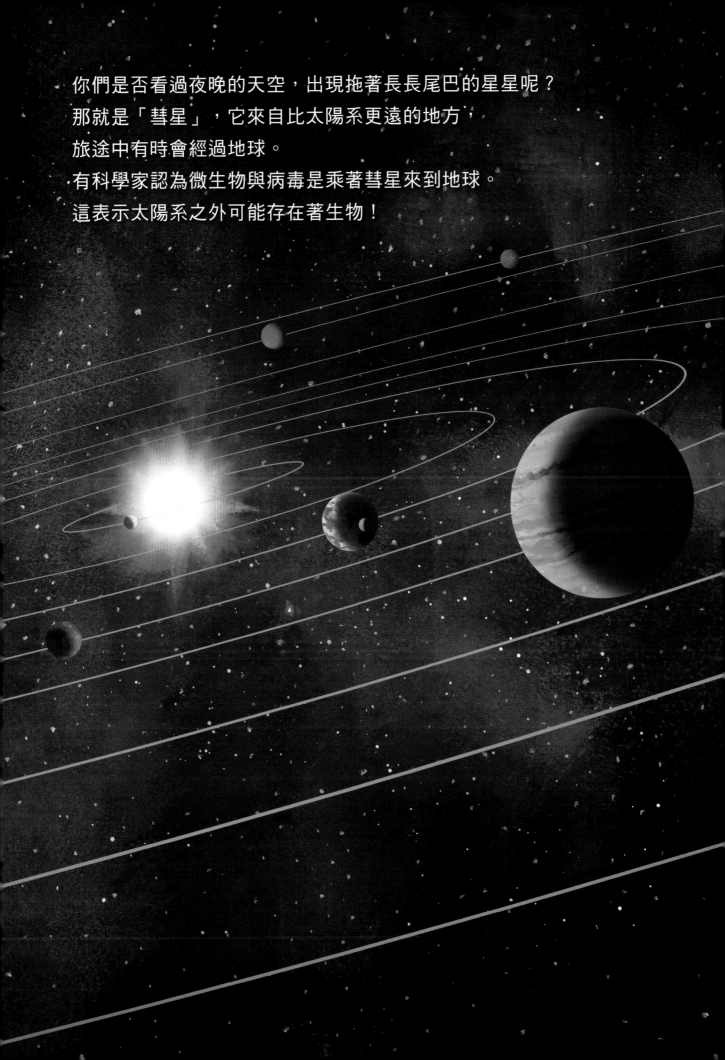

你們是否看過夜晚的天空，出現拖著長長尾巴的星星呢？
那就是「彗星」，它來自比太陽系更遠的地方，
旅途中有時會經過地球。
有科學家認為微生物與病毒是乘著彗星來到地球。
這表示太陽系之外可能存在著生物！

葛利斯581g環繞的恆星。
假設葛利斯581g是地球，
這顆恆星就像是太陽。

太陽系的外側，還有各式各樣有趣的行星。

例如，葛利斯581g是一個沒有陸地，只有海洋的行星。

因為距離恆星較近，所以海洋的溫度可能非常高。

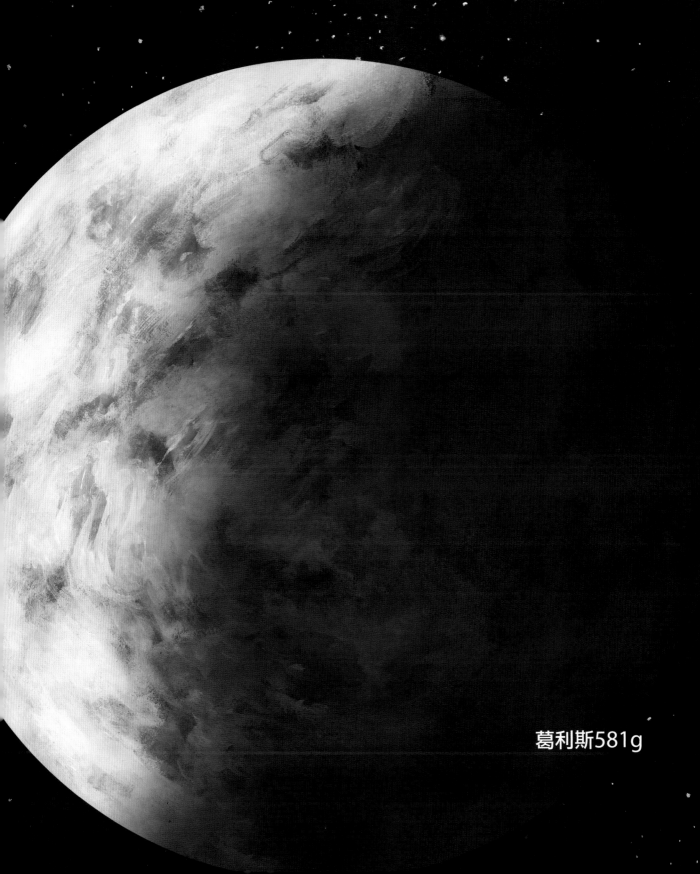

葛利斯581g

葛利斯581g沒有陸地，海洋的溫度相當高，
上空瀰漫著從海洋蒸發的水蒸氣，應該很悶熱。
你覺得那裡存在什麼樣的生物呢？

既然沒有陸地，
或許存在著在空中飛個不停的生物。
會不會有一種生物有時像降落傘一樣
展開，有時像氣球一樣鼓起，
在空中飄上飄下呢？

此外，據說宇宙中也有雙胞胎行星。
由於它們的引力互相作用，
海洋的漲潮和退潮變化一定非常大。
你覺得那裡有什麼生物呢？

大海退潮時，或許會看
見像藤壺一樣，為了不
被水沖走而緊緊攀附在
礁石上的生物吧！

據說，宇宙中也存在著以油構成大海的行星。
你覺得那裡有什麼生物呢？

生物在油裡面
能生存嗎？

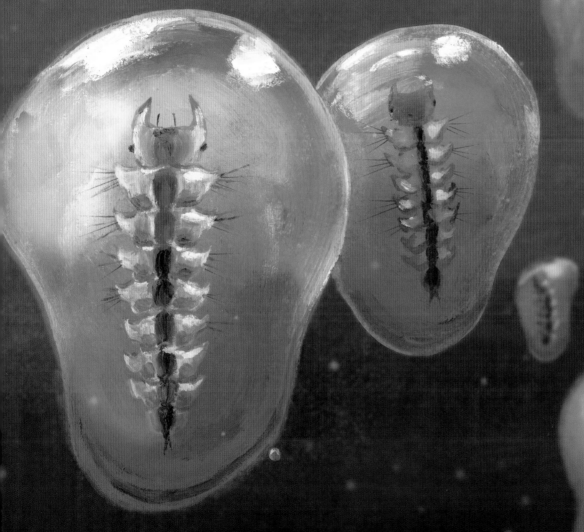

地球上有一種稱為「石油渚蠅」的昆蟲，
這種昆蟲的幼蟲是在油中成長。
對大部分昆蟲來說油有毒，但是石油渚蠅幼蟲的身體裡，

宇宙中可能有一種行星，永遠以同一面向著恆星公轉。
這種行星有一半是永遠照不到陽光的黑夜，
另一半則是永遠陽光普照的白天。
星球兩面的溫度差異極大，
所以一整年都颳著像颱風一樣強烈的風。
你覺得那裡存在著什麼生物呢？

因為風很強，
應該會有緊貼在地面的
動物或植物吧？

如果背部有腳，即使被
風吹得東倒西歪，也能
馬上自己爬起來。

據說還有種行星，會反覆出現非常炎熱的夏天，
以及酷寒的冬天。夏天和冬天的溫度差異極大，
一整年都會吹著狂風。
你覺得那裡存在著什麼樣的生物呢？

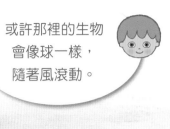

或許那裡的生物
會像球一樣，
隨著風滾動。

如果有堅硬的殼，
即使被風吹得撞來撞去，
也沒有關係。

「爸爸，在這個宇宙中，
難道沒有像人類一樣頭腦發達的外星人嗎？」

根據研究，銀河中有兩千億顆恆星，
半數有環境類似地球的行星公轉。
換句話說，像地球的行星有一千億顆。
所以外星人存在於其中，也很合理吧！

說到外星人，在你們的腦海中浮現出什麼模樣呢？

就像地球上存在著各式各樣的生物，
宇宙中的生物很可能也是形形色色。
你們可以想像一下，外星人可能長得
這樣奇形怪狀哦！

例如，據說有種行星，從像太陽系這樣的星系之中脫離，
獨自在宇宙中漂流。沒有陽光的照射，一整年都是夜晚。
這種行星的空氣濃度高、浮力大。
所謂的浮力，是指「讓物體上升的力量」。
倘若這種行星中存在著外星人，會長什麼樣子呢？

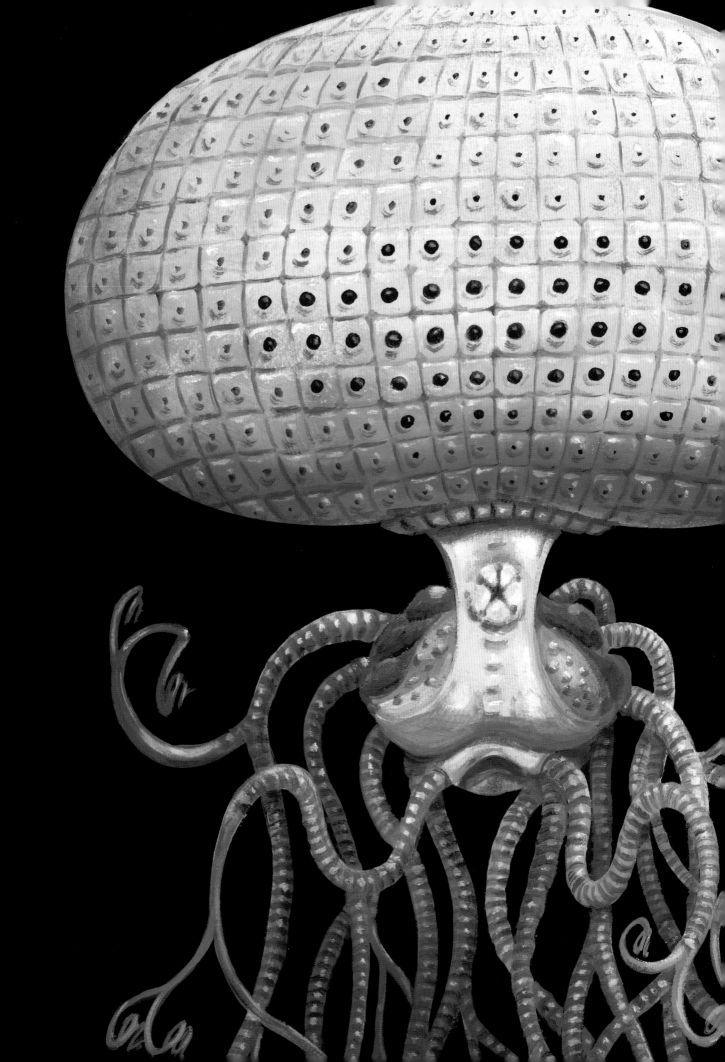

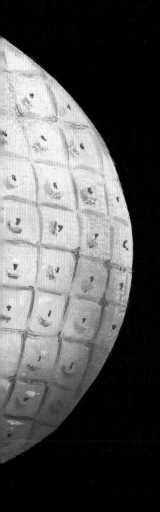

哇啊！

浮力愈大，身體就會愈輕。
或許存在著像這種頭大大、手腳纖細的外星人。

有這麼大顆的頭，
看來頭腦十分發達哦！

也許他們不必講話或發出聲音，
而是發出電波來溝通。

咦！是所謂的
心電感應嗎？

沒錯！不過用電波溝通的話，
大家都能接收到，
可能無法說出心裡的祕密。

如果真的有外星人，
他們會長什麼樣子？
過著什麼樣的生活呢？

我們人類雖然一直用望遠鏡看著宇宙中的星星，
但是還沒有找到外星人。

然而，外星人或許早就已經發現
我們人類的存在了。

不管是行星還是衛星，宇宙中住著生物的星體，難道只有地球嗎？其他星體是否也有生物存在呢？這個問題一直是人類心中的疑問，直到現在還沒有找到答案。自從進入二十世紀後半，人類開始朝宇宙發射探測器，逐漸了解地球以外的行星及衛星。我們發現除了地球之外，其他的星體也有「水」或「海」，只是那是「寒冰下的海」，而且海底還有火山。

　　另一方面，我們也發現地球的海底火山中，存在著「將火山氣體當成營養來源的神奇生物」。既然地球的海底火山有這樣的生物，那麼其他星體的海底火山，是否可能也有同樣的神奇生物？

　　這本書中所介紹的「木衛二」和「土衛二」，就是符合這個條件的星體。在我們的太陽系中，似乎還有幾個星體也有「寒冰下的海」。那裡又存在著什麼樣的生物呢？

　　二十世紀末，我們發現除了太陽之外的恆星也有行星繞行。到了二十一世紀，我們又發現太陽系以外的行星（系外行星）裡有「環境類似地球的行星」，或許那些行星裡也有生物。雖然說是類似地球，畢竟還是有一些不同，生物應該會演化成適合那些環境的模樣吧？或許那裡存在著像人類一樣，能以科學角度進行思考，而且擁有溝通能力的「知性生物」，也就是所謂的「外星人」。

　　本書盡量以科學方式思考「可能存在於各種星體上的形形色色生物」。繪本作家吉田尚令將這些星體及生物畫得栩栩如生，豐富的想像力正是閱讀本書最大的樂趣所在。出版社的編輯們則協助將艱深的科學以深入淺出的方式加以說明。多虧了他們，本書才能變得淺顯易懂。

　　其實還有很多星體本書來不及介紹，那就是太陽系之外，擁有「寒冰下的海」的星體。那裡可能有什麼樣的生物？有什麼樣的外星人？這個就交由閱讀本書的你來思考。尋找外星人之旅，才正要開始而已。

長沼毅
日本知名生物學者、本書作者